| | |
|---|---|
| 1985年 | ISASがハレー彗星探査機「さきがけ」「すいせい」を打ち上げ（日本初の人工惑星） |
| 1986年 | スペースシャトル、チャレンジャー号（アメリカ）が空中分解事故を起こし、7人の宇宙飛行士が死亡 |
| 1988年 | イスラエル初の人工衛星オフェク1号を打ち上げ |
| 1990年 | ISASが「ひてん」打ち上げ。日本初の月でのスイングバイに成功 |
| | アメリカがハッブル宇宙望遠鏡を打ち上げ |
| | 秋山豊寛が日本人宇宙飛行士としてはじめて宇宙飛行 |
| 1992年 | 毛利衛が日本人としてはじめてスペースシャトルに搭乗 |
| 1994年 | NASDAが純国産ロケット「H-Ⅱ」1号機を打ち上げ |
| | 向井千秋が日本人女性として初の宇宙飛行 |
| 1997年 | 世界初の火星探査車マーズ・パス・ファインダー（アメリカ）が火星に着陸 |
| 1998年 | アメリカ、ロシア、日本、カナダ、ESAの共同で、国際宇宙ステーション（ISS）の建設が開始 |
| 2001年 | NEAR（アメリカ）が小惑星エロスに着陸。世界ではじめて小惑星への着陸に成功 |
| 2003年 | スペースシャトル、コロンビア号（アメリカ）が空中分解事故を起こし、7人の宇宙飛行士が死亡 |
| | ESA初の惑星探査機、火星探査機マーズ・エクスプレスを打ち上げ |
| | ISAS、NAL、NASDAが統合され、宇宙航空研究開発機構（JAXA）が設立 |
| | 神舟5号（中国）を打ち上げ。ソ連、アメリカに次ぐ3番目の有人宇宙飛行を達成 |
| 2004年 | スペースシップワン（アメリカ）が、民間宇宙船として初の弾道宇宙飛行 |
| 2005年 | カッシーニ（ESA）から投下されたホイヘンス・プローブが土星の衛星タイタンに着陸（月以外の衛星に世界初の着陸） |
| 2009年 | イラン初の人工衛星オミードを打ち上げ |
| | 日本がISS補給線「こうのとり」1号機を打ち上げ |
| 2010年 | 2005年打ち上げの日本の小惑星探査機「はやぶさ」が地球に帰還。世界ではじめて小惑星の試料のサンプルリターンに成功 |
| | 日本の金星探査機「あかつき」が金星周回軌道投入に失敗 |
| 2011年 | 国際宇宙ステーション（ISS）が完成 |
| 2012年 | ボイジャー1号（アメリカ）が世界ではじめて太陽圏を脱出 |
| 2013年 | 韓国初の人工衛星STSAT-2Cを打ち上げ |
| 2014年 | 若田光一が日本人としてはじめてISSの船長に就任 |
| 2015年 | 日本の金星探査機「あかつき」が金星周回軌道に到達。世界初の惑星気象衛星 |
| 2016年 | 日本のX線天文衛星「ひとみ」が宇宙空間で分解事故を起こす |
| 2019年 | 2014年打ち上げの日本の小惑星探査機「はやぶさ2」が小惑星リュウグウのタッチダウンに成功 |
| | MOMO3号機（インターステラテクノロジズ社）が日本の民間ロケットではじめて宇宙空間に到達 |
| | 嫦娥5号（中国）が世界ではじめて月の裏側に着陸 |
| 2020年 | 「はやぶさ2」が地球に帰還。小惑星リュウグウのサンプルリターンに成功 |
| 2021年 | 太陽探査機パーカー・ソーラー・プローブ（アメリカ）が世界ではじめて太陽コロナに突入成功 |
| | アメリカが中心となり、ジェイムズ・ウェッブ宇宙望遠鏡を打ち上げ |
| 2024年 | 小型月着陸実証機SLIM（日本）が日本初の月面着陸に成功 |
| | 嫦娥6号（中国）が、世界ではじめて月の裏からのサンプルリターンに成功 |
| | 日本がH3ロケットの運用を開始する |

宇宙のなぞを解き明かせ！

# 日本の探査機と宇宙開発技術

進化！日本の宇宙開発技術

教育画劇

# はじめに

　この巻には、打ち上げロケットなど宇宙に物資をはこぶシステム全般の話がかなりたくさん出てきます。

　ロケットの打ち上げは、私が若かったころは大勢の技術者が打ち上げ場に何か月もくり出して、それはお祭りのようでした。打ち上げのために集まるのは主に工学系の人々ですが、その中にわずか2～3人、理学のメンバーがふくまれます。彼らこそ、ロケット打ち上げ時の天気予報をになう気象班です。気象班はロケット班やランチャ班、何々班という数多くの班の中で最後まで「打ち上げ準備完了」を出さない班です。突然の土砂降りなどが起こることもありますし、ギリギリまで天気はどうなるかわからないからです。

　私はこの気象班を長いこと、鹿児島県の内之浦宇宙空間観測所でやりましたが、その緊張感は並大抵のものではありませんでした。気象班以外の班が「準備完了」と言っているときに「うーん」とうなっていると、

工学の他班からは「なにやってんだよぅ」と、さんざんからかわれたものです。しかし、工学の班と力を合わせてロケットを打ち上げれば、そのロケットが小さな観測ロケットだろうが大型の人工衛星打ち上げロケット（M-Vロケット）であろうが、達成感ははてしなく高いものでした。

気象班の経験を通して、ロケットを打ち上げる人々の心意気を理解できたことは大変幸運だったと思います。それは昔、大海原へ向かって乗り出した船乗りたちときっと同じものだったでしょう。この巻を読んだみなさんに、その船乗りたちの熱い気持ちを少しでもわかってもらえればうれしいです。

JAXA 名誉教授
中村正人

宇宙のなぞを解き明かせ！
日本の探査機と
② 宇宙開発技術

進化！日本の宇宙開発技術

# ★もくじ★

# 太陽系の星々

地球から見ると、惑星はほかの星とはちがう動きをしていることから、「惑う星」という名前がついたんだ。

## 太陽を中心とした地球の家族

太陽のまわりには、地球をふくむ8つの惑星や、準惑星、小惑星、彗星などがまわっています。太陽系は、この太陽の影響を受けるたくさんの星たちからなります。太陽系はおよそ46億年前にできたと考えられていますが、どのように太陽系がつくられたのか、そのくわしいようすはいまだなぞのままです。

8つの惑星は、太陽から近い順に、水星、金星、地球、火星、木星、土星、天王星、海王星とならんでいます。惑星には主に岩でできているもの、ガスでできているもの、氷でできているものと大きく3つに分けられます。海王星より外側には、小さな天体がたくさん集まっています。

### ■水星

太陽系の中で、太陽に最も近い惑星です。大気はほとんどありません。そのため、熱をたもてず、昼と夜の温度差が600℃にもなります。

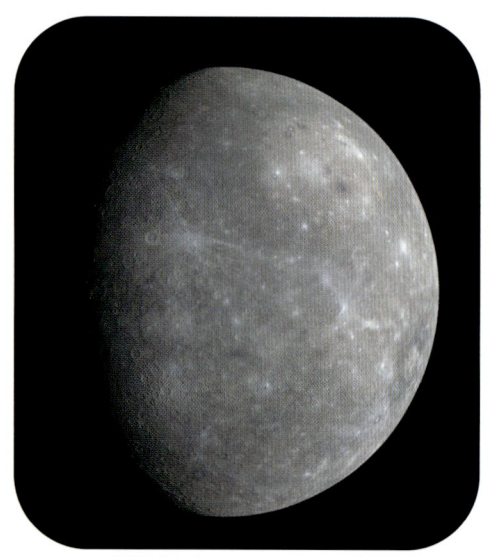

アメリカの水星探査機メッセンジャーが撮影した水星。
©NASA/Johns Hopkins University Applied Physics Laboratory/Carnegie

### ■太陽

太陽系の中心にある恒星で、高温のガスでできています。恒星とはみずから光りかがやく星のことで、太陽系のほかの星たちを照らしています。

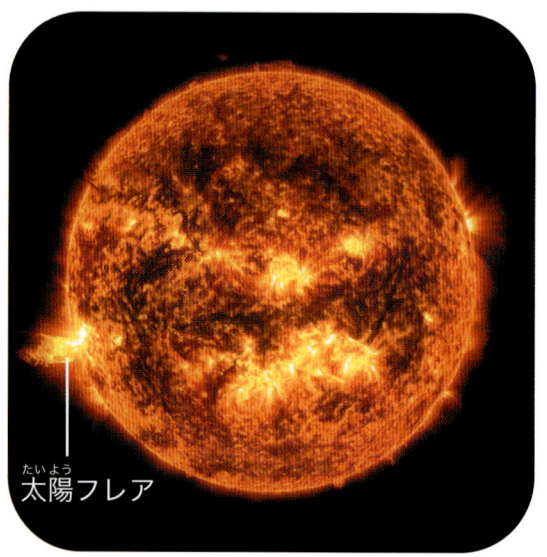

太陽フレア

2013年6月20日、アメリカの太陽観測衛星が撮影した太陽。左側に太陽フレアの明るい光が見える。
©NASA/Goddard/SDO

### ■金星

地球のすぐ内側の軌道にあり、大きさや密度、構成物質も地球に似ている星です。ぶあつい雲におおわれていて、上空には「スーパーローテーション」とよばれる強い風が吹き荒れています。

アメリカの水星・金星探査機マリナー10号が撮影した金星。
©NASA/JPL-Caltech

太陽
水星
金星
地球
火星
木星
土星
天王星
海王星

※星の大きさや星の間の距離などの比率は実際とことなる。

## ■火星

赤い大地が広がる星です。赤いのは、表面の岩に酸化鉄というさびた鉄がふくまれているからです。たくさんの探査機がおとずれていて、氷や水が流れたあとなどが見つかっています。

アメリカの火星探査機、マーズ・グローバル・サーベイヤーが撮影した火星。
©NASA/JPL/MSSS

## ■木星

太陽系で最も大きな惑星です。地球を 1300 個分集めても、木星の大きさにはかないません。ほとんどがガスでできていて、表面の模様は雲や風によってつくられています。

アメリカの土星探査機カッシーニが撮影した木星。
©NASA/JPL

## ■土星

主に水素からなるガス惑星です。くっきりと見える環は、実は細かく分かれていて、小さな氷からできています。土星のまわりには 150 個ほどの衛星がまわっています。

アメリカのボイジャー 2 号が撮影した土星。
©NASA/JPL

1977 年、アメリカのボイジャー 1 号と 2 号がはじめて天王星と海王星に近づいたことで、太陽系の星々のくわしい姿が明らかになったんだって。

## ■天王星

主に水や氷でできている氷惑星です。美しい青緑色は、大気にふくまれるメタンによる色です。表面温度は−200℃ほどで、太陽系の惑星でもっとも寒い星です。

アメリカのボイジャー 2 号が撮影した天王星。
©NASA/JPL

## ■海王星

天王星に似た氷惑星です。大気のメタンによって青く見えています。海王星は、地球から太陽までの距離の 30 倍以上もはなれていて、太陽のまわりを一周するのに 165 年もかかります。

アメリカのボイジャー 2 号が撮影した海王星。
©NASA/JPL

# 進化しんかする日本にほんのロケット技術ぎじゅつ

# 打ち上げロケットってなに？

人工衛星や探査機を宇宙へはこぶときに不可欠な存在が、打ち上げロケットです。打ち上げロケットはどうやってはるか高く宇宙まで飛んでいけるのか、また、打ち上げロケットにはどんな種類があるのか、見ていきましょう。

## ★ ロケットはどうやって宇宙まで飛ぶ？

ロケット打ち上げのニュースなどを見たときに、はげしく煙が上がっているようすを目にしたことがある人もいるでしょう。打ち上げロケットは、燃料を燃やしてガスをふきだすことで飛び上がります。

飛行機も空を飛びますが、宇宙には行けません。ものを燃やすには空気中の酸素が必要なので、飛行機は空気があるところしか飛べないのです。打ち上げロケットは空気のない宇宙でも飛べるように、燃料といっしょに酸素もつんで打ち上げられます。それにより、宇宙まで飛んでいくことができるのです。

現在、多くの打ち上げロケットが2段や3段に分かれた「多段式ロケット」という構造をしています。まず第1段が打ち上げ直後にロケットを加速・上昇させ、2段以降で、人工衛星などを目標の軌道に乗せます。各段にはそれぞれ燃料と酸素などの酸化剤、エンジン、制御装置が搭載されていて、

2024年2月、いきおいよく炎と煙をふきだして打ち上げられるH3ロケット試験機2号機。
©JAXA

燃料を燃やし終わった段を切りはなして軽くすることで速度を上げて、遠い宇宙まで人工衛星や探査機を届けるのです。

### ■多段式ロケットのしくみ

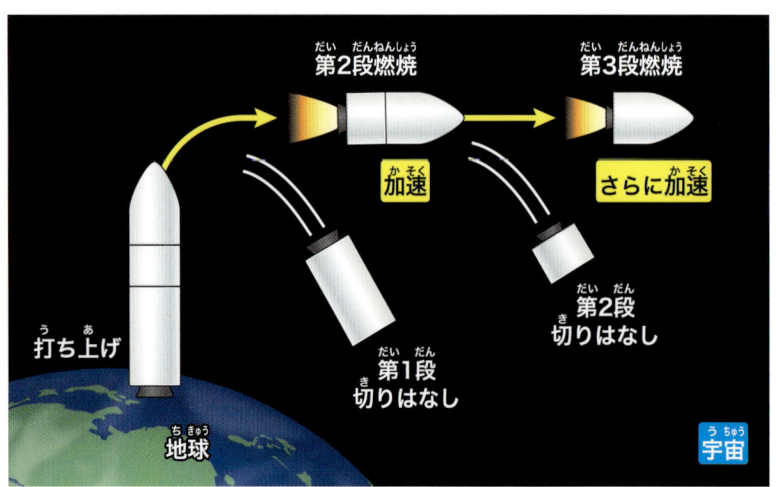

第2段燃焼　　第3段燃焼
加速　　さらに加速
打ち上げ
第1段切りはなし
第2段切りはなし
地球
宇宙

燃料を使いはたした段を切りはなすことでロケット全体の重量を軽くしてスピードを上げ、宇宙に出てからは正確な軌道に入れるように位置を調整する。

燃料は、ロケットの重さの約9割もあるんだって。宇宙に行くには、それだけたくさんの燃料が必要なんだね。

# 固体燃料ロケットと液体燃料ロケット

打ち上げロケットは、固体燃料ロケットと液体燃料ロケットに大きく分けられます。固体燃料ロケットはかたまった燃料を使う打ち上げロケットです。固体燃料は燃料をかためるため、つくるのに時間がかかります。しかし、つくった燃料は長く保存できるので、発射準備にかかる時間は短くてすみます。イプシロンロケット（→ 12 ページ）などが、固体燃料ロケットです。

一方液体燃料ロケットは、燃料と酸化剤をそれぞれ供給するシステムが必要になるなど設計が複雑になるので、開発に時間がかかります。しかし、飛行中に使う燃料の量を調節できるという長所があり、コントロールがしやすい打ち上げロケットだといえます。H-ⅡAロケット（→ 23 ページ）や H3 ロケット（→ 14 ページ）など、大型ロケットの多くが液体燃料ロケットです。

代表的な固体燃料ロケット、イプシロンロケットの打ち上げ（2022 年 10 月）。
©JAXA

代表的な液体燃料ロケット、H3 ロケットの組み立てのようす（2025 年 1 月）。
©JAXA

## ■固体燃料ロケットと液体燃料ロケットのしくみ

### 固体燃料ロケット

燃料と酸化剤をまぜてかためたもの（中心は空洞）

酸素をたくさんふくんだ素材や合成ゴムにアルミニウムなどをまぜて、筒状にかためた燃料を燃やすことで、推進力を生みだす。

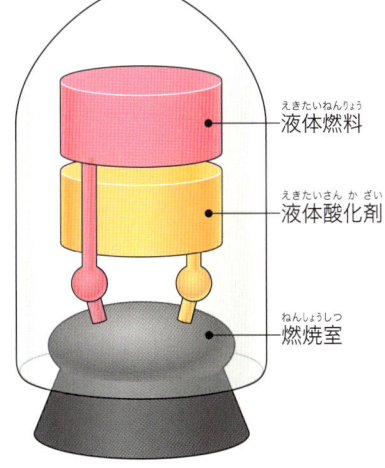

### 液体燃料ロケット

液体燃料
液体酸化剤
燃焼室

別々のタンクに入れられた液体水素などの燃料と酸素を燃焼室であわせて燃やすことで、推進に必要なガスをふきだすしくみ。

## どうして2系統のロケットが？

日本に 2 つの系統のロケットがあるのは、もともと東京大学の研究室からはじまった宇宙科学研究所（ISAS）と、国の機関として設立された宇宙開発事業団（NASDA）という 2 つの組織が、それぞれことなる方針でロケットを開発していたからです。

ISAS は現在のイプシロンロケットにつながる L、M 系の固体燃料ロケットを、NASDA は現在の H3 ロケットにつながる N、H 系の液体燃料ロケットを開発していました。この 2 つの組織と航空宇宙技術研究所（NAL）が合わさって 2003 年にできたのが、現在の宇宙航空研究開発機構（JAXA）です。

# イプシロンロケット

**★基礎データ★**
- ●**主な用途**：小型人工衛星の打ち上げ
- ●**長さ**：約26m　●**重さ**：約95トン
- ●**最大打ち上げ能力**：590kg
  （高度500kmの太陽同期軌道）
- ●**燃料**：合成ゴムとアルミニウムを主な原料とする固体燃料
- ●**運用期間**：2013年〜

一度にたくさんの小型人工衛星をはこぶことができる、日本の最新ロケットだよ。

打ち上がったイプシロンロケット6号機のイメージ。先端部分にのせた小型人工衛星をはこぶ。
©JAXA

## 小型人工衛星を打ち上げる世界に誇るロケット

　イプシロンロケットは、日本が世界に誇る固体燃料ロケットです。それまで使われていたM-Vロケットにかわるロケットで、世界一コンパクトな打ち上げをめざして開発されました。イプシロンロケットは全長約26m、直径約2.6mという小型のロケットです。3段式の構造で、主に小型人工衛星の打ち上げに使われます。

　今、世界ではロケットを使って、小型の人工衛星を打ち上げたいと考える企業や機関がふえています。イプシロンロケットは、のせる人工衛星の目的に合った軌道へ正確に投入ができたり、希望するスケジュールで打ち上げをおこなうことができたりと、さまざまな要望に対応することができます。そのため、今後の活躍が期待されているのです。

　さらに、イプシロンロケットを改良したイプシロンSロケットの開発も進んでいます。

内之浦宇宙空間観測所（鹿児島県）の発射
台に設置されたイプシロンロケット5号機。
©JAXA

イプシロンロケット5号機の
第1段の組み立てのようす。
©JAXA

## ★ AIで異常がないかを自分で点検

イプシロンロケットはM-Vロケットの技術を引きつぎ、新しくつくられました。AI（人工知能）を使ってロケットに異常がないかをみずから点検する機能などを取り入れ、より簡単に、短い準備期間で打ち上げられるようにくふうされています。また、第1段にH-ⅡAロケットと同じ固体ロケットブースター（推進装置）を使うことによって、低価格で効率のよい打ち上げを実現しました。

2013年に初号機を打ち上げ、その後も着実に実績を積み上げています。2021年に打ち上げられた5号機は、一度に9基の人工衛星を軌道にはこぶことにも成功しました。2022年、6号機は姿勢制御の不具合で打ち上げに失敗しましたが、すでに対策が講じられています。今後、改良されたイプシロンSロケットでは打ち上げまでの準備期間がさらに大きく短縮される予定です。

打ち上げのときにかかるゆれや音、衝撃などを世界トップレベルまでにおさえることができるんだって。

### ■強化型イプシロンロケット

**フェアリング**
ペイロード（小型人工衛星などの積載物）をのせる部分。最大1.2トンの人工衛星をはこぶことができる。

**第3段**
**3段固体燃料ロケット**
M-Vロケットの第4段（キックモータ）をもとに新しく開発された。人工衛星をうまく軌道投入するために使われる。

**第2段**
**2段固体燃料ロケット**
M-Vロケットをもとに新しく開発された。ロケットのさらなる加速に使われる。

**第1段**
**固体ロケットブースター**
地上からロケットを持ち上げ、加速するために使われる。

©JAXA

日本の次世代をになう大型ロケット

# H3ロケット
エイチ スリー

★基礎データ★
- ●主な用途：大型から小型の人工衛星の打ち上げ
- ●長さ：63m（ロング）〜 57m（ショート）
- ●重さ：575トン
- ●最大打ち上げ能力：6.5トン以上（静止遷移軌道）
- ●燃料：液体水素、液体酸素
- ●運用期間：2023年〜

H3ロケットの打ち上げのイメージ。2本の固体ロケットブースターを使っている。
©JAXA

打ち上げる人工衛星に合わせて、エンジンの数などをかえられるのが特徴だよ。

## 大きな重い人工衛星も遠くまではこべる！

H3ロケットは、日本の次世代をになう新しい大型ロケットです。2001年から20年以上活躍したH-ⅡAロケット（→23ページ）の後継機で、日本の大型ロケットとしては30年ぶりに開発されました。全長63mと、サッカーコートの横幅と同じくらいの長さがあります。高い輸送力を持ち、大きな重い人工衛星を遠くまではこぶことができます。

打ち上げる人工衛星の重さやはこぶ距離に応じて、エンジンの数やロケットブースター（推進装置）の本数を柔軟にかえられるのが大きな特徴の一つです。宇宙用ではない部品を活用したり、つくり方をくふうしたりすることで、費用をおさえることにも成功しています。製造の効率を高めることで、製造期間を短くして、年間6基の打ち上げをめざしています。

# 独自のエンジンで、信頼性の高いロケットを実現

H3ロケットの心臓ともいえるのが、新しく開発されたメインエンジン「LE-9」です。これまでよりも大きな推進力を得ることに成功しました。燃料には液体水素を使い、二酸化炭素を出さない、環境に配慮した燃焼を実現しています。また、つくり方をくふうし、部品の数をへらすことで、こわれにくく修理もしやすくなりました。さまざまな効率化を進めることで、打ち上げにかかる費用はH-ⅡAロケットのおよそ半額ほどにまでおさえられるようになりました。

H3ロケットは、試験機1号機の打ち上げには失敗したものの、その後の試験機2号機、3号機の打ち上げには成功しています。これまでに、先進レーダ衛星「だいち4号」（→30ページ）や防衛通信衛星「きらめき3号」などを宇宙へと届けました。

2024年11月、H3ロケット4号機が、防衛通信衛星「きらめき3号」をのせて種子島宇宙センターから打ち上げられた。
©JAXA

## ■ H3ロケット（3号機）

**衛星フェアリング**
人工衛星をのせる部分。人工衛星の大きさに合わせて、2種類のカバー（フェアリング）がある。

**第2段**
**エンジン（LE-5B-3）**
人工衛星を目的の軌道に投入するために使われる。

**固体ロケットブースター**
打ち上げる人工衛星に合わせて0本、2本、4本と本数がかわる。

**第1段**
**メインエンジン（LE-9）**
2基、もしくは3基。

©JAXA

H3ロケット4号機のフェアリング組み立てのようす。フェアリングとは人工衛星をおおうカバーで、ショート（10.4m）とロング（16.4m）の2種類がある。
©JAXA

日本独自のメインエンジンで、人工衛星を目的の場所へと確実に届けるんだね。

# 世界の 打ち上げロケット

このほか、インドが開発した LVM3 というロケットも、通信衛星や月探査機などの打ち上げに成功しているよ。

長く宇宙開発をリードしてきたアメリカとロシアをはじめ、各国の打ち上げロケットを紹介します。近年は中国やインドといった国もロケット開発を急速に進め、次々に成果をあげています。

## ヴァルカン（アメリカ）

アメリカの次世代の主力をになうと期待される打ち上げロケットです。2024 年 1 月に初号機が打ち上げられました。ULA 社が開発し、ブルーオリジン社の新型エンジンを使っています。探査機などの打ち上げだけでなく、軍事・民間の両方の目的で活用される予定です。

### ★基礎データ★
- 長さ：約 61.6m
- 重さ：546.7 トン
- 最大打ち上げ能力：27.2 トン
- 燃料：液体燃料（液体酸素と液化天然ガス）
- 運用期間：2024 年～

2024 年 1 月、アメリカの新型ロケット、ヴァルカンによって民間初の無人月着陸船「ペレグリン」が打ち上げられた。

写真提供：アフロ

## ファルコン9（アメリカ）

アメリカの民間企業、スペース X 社が開発したロケットです。国際宇宙ステーション（ISS →3 巻 10 ページ）へ荷物をはこぶクルードラゴン宇宙船や、小型人工衛星などの打ち上げなどに使われています。ロケットの一部分（1 段ブースター）を回収し、再利用できます。

### ★基礎データ★
- 長さ：約 69.2m
- 重さ：約 480 トン
- 最大打ち上げ能力：13.15 トン
- 燃料：液体燃料（液体酸素とケロシン*）
- 運用期間：2010 年～　　　　　*ケロシン：灯油の一種

2024 年 1 月、民間宇宙飛行士を乗せたクルードラゴン宇宙船を宇宙へとはこんだファルコン9 の打ち上げ。

©Evan El-Amin / Shutterstock.com

## ソユーズロケット（ロシア）

1967 年の初飛行以来、改良を重ねながら 60 年近くにわたって活躍しているロケットで、国際宇宙ステーション（ISS）に宇宙飛行士をはこぶ重要な役割をになっています。日本の宇宙飛行士も、多くがソユーズロケットで宇宙へ飛び立ちました。

### ★基礎データ★ ※数値はソユーズ SL-4

- 長さ：約 49.5m ● 重さ：約 310 トン
- 最大打ち上げ能力：6.9 トン
- 燃料：液体燃料（液体酸素とケロシン）
- 運用期間：1967 年〜

2016 年 10 月、ソユーズ MS-02 の打ち上げ（カザフスタンのバイコヌール宇宙基地）。
©NASA/Joel Kowsky

## アリアン6（ヨーロッパ）

ESA（ヨーロッパ宇宙機関）の新しい主力ロケットで、1996 年から 2023 年まで活躍したアリアン 5 の後継機です。大型人工衛星を打ち上げ可能な巨大ロケットで、人工衛星の大きさや重さに合わせて、ロケットを組みかえることができます。

### ★基礎データ★

- 長さ：約 56m（搭載物によって変化）
- 重さ：約 540 トン ● 最大打ち上げ能力：21.6 トン
- 燃料：液体燃料（本体）、固体燃料（ロケットブースター）
- 運用期間：2024 年〜

2024 年 6 月 20 日、南アメリカ北部にあるフランス領ギアナのロケット発射場から宇宙に打ち上げられたアリアン 6。
©ESA

## 長征ロケット（中国）

中国の主力ロケットです。小型から大型の人工衛星まで打ち上げることができ、さまざまな種類があります。月の裏側から砂を持ち帰ることに成功した嫦娥 6 号は長征 5 号で打ち上げられました。また、有人宇宙船「神舟」は、長征 2 号 F で打ち上げられています。

### ★基礎データ★ ※長征5号B

- 長さ：約 54m ● 重さ：約 850 トン
- 最大打ち上げ能力：約 22 トン
- 燃料：液体燃料
- 運用期間：2016 年〜

2022 年 10 月、宇宙ステーション実験モジュール「夢天」を打ち上げた長征 5 号 B。
写真提供：アフロ

# 最初期のロケット

## 日本のロケット開発のはじまり

日本のロケット開発は、とても小さなロケットからはじまりました。1955年、東京大学の糸川英夫博士たちの研究チームは「ペンシルロケット」という小さなロケットをつくりました。長さはたった23cmほどの、名前の通り鉛筆のようなロケットです。

このペンシルロケットを使って、さまざまな技術の試験がおこなわれました。水平発射の実験をくりかえしたあと、1955年に秋田県の道川海岸ではじめて上空へと打ち上げられました。最初は失敗しましたが2回目の挑戦で成功し、600mの高さまで約17秒間の飛行に成功したのです。日本の宇宙開発にとっての大きな一歩となりました。

次に開発された2段式の「ベビーロケット」は、高さ6kmほどまで飛ぶことができるようになりました。

3種類のペンシルロケット。右から標準型（全長23cm）、300型（全長30cm）、2段式（全長46cm）。
©JAXA

ベビーロケット。2段式ロケットで全長は約1.2mと、ペンシルロケットよりもかなり大きくなった。
©JAXA

ペンシルロケットの発射実験のようす。どのように飛行するかをくわしく調べるために、水平に発射する試験をくりかえしおこなった。
©JAXA

ペンシルロケットが日本の宇宙開発のはじまりだったんだね。

## 星の名前にもなった、日本ロケットの生みの親

「日本の宇宙開発の父」ともよばれる糸川英夫博士（1912～1999年）は、アメリカ滞在中に宇宙開発の重要性を知り、帰国後すぐ東京大学にロケット研究チームをつくりました。日本の宇宙開発のはじまりとなったペンシルロケットのあともロケット開発をつづけ、1970年に打ち上げられた日本初の人工衛星「おおすみ」にもかかわっています。

また1962年、鹿児島県に内之浦宇宙空間観測所を設立し、日本初の本格的なロケット発射場をつくることにも力をつくしました。糸川博士の開発精神は、小惑星探査機「はやぶさ」（→1巻27ページ）やイプシロンロケット（→12ページ）などの計画にも生かされ、「はやぶさ」が向かった小惑星の名前は「イトカワ」と名づけられました。

みずから開発したペンシルロケットを手に持つ糸川博士。糸川博士の情熱がまわりの人たちを動かした。
©JAXA

## ★ 大型化するロケット

糸川博士たちは、さらに大型のロケット開発に挑戦していきます。それがKロケットです。Kロケットは、日本のロケットの基礎を築いたといえるロケットです。1956年、最初のモデルであるK-1型の打ち上げに成功すると、燃料や本体の素材などの改良を重ねて、どんどん飛行高度を上げていきました。1958年には「国際地球観測年」に合わせ、K-6型が高度60kmまで上がり、上空の大気や気温の観測をおこなうことに成功します。日本は宇宙開発の分野で、世界の先進国の仲間入りをはたしたのです。

1960年にはK-8型がはじめて200kmの高度に達しました。ロケットの開発は簡単ではなく、爆発事故なども起きましたが、その都度改良を重ね、成功を積み上げていきました。Kロケットは、より大型のLロケットの開発へとつながっていきます。

日本独自につくりあげたロケットの技術に、世界中の研究者もおどろいたんだって！

1956年9月、秋田県岩城町（現在の由利本荘市）の道川海岸でおこなわれた打ち上げ実験にのぞむKロケット1号機。
©JAXA

筑波宇宙センター（茨城県つくば市）の展示館「スペースドーム」では、さまざまな過去のロケットの展示を見られる。
©JAXA

# 日本のロケット開発の歩み②
# 固体燃料ロケットの発展

## ★ 日本初の人工衛星を打ち上げた世界最小ロケット

Lロケットは、Kロケットの技術を受けつぎ、高度1000km以上に向かうロケットとして1960年ごろから開発がはじまった固体燃料ロケットです。Lロケット最大の成果は、1970年に日本ではじめての人工衛星「おおすみ」を打ち上げたことです。日本はソ連（現在のロシア）、アメリカ、フランスにつづいて世界で4番目に自国ロケットによる人工衛星打ち上げに成功した国となり、宇宙探査の新時代を切りひらきました。

Lロケットの特徴の一つが、その小ささです。人工衛星の打ち上げロケットとして、Lロケットは世界最小のロケットでした。もう一つの特徴が、ロケットの進む方向を制御する装置（誘導装置）をのせずに飛行したことです。打ち上げ後しばらくすると、ロケットの軌道は地球の重力で少しずつ下がりはじめます。ロケットの姿勢が水平になったときにエンジンを再点火することで、誘導装置なしで人工衛星を軌道へ届けることに成功したのです。

1970年2月、日本初の人工衛星「おおすみ」を打ち上げたL-4Sロケット5号機。
©JAXA

### ■自国のロケットで人工衛星打ち上げに成功した国

|  | 国 | 人工衛星 |
|---|---|---|
| 1957年 | ソ連（現在のロシア） | スプートニク1号 |
| 1958年 | アメリカ | エクスプローラー1号 |
| 1965年 | フランス | アステリックス |
| 1970年 | 日本 | おおすみ |
| 1970年 | 中国 | 東方紅1号 |
| 1971年 | イギリス | X-3 |
| 1980年 | インド | ロヒニ |

Lロケットは本格的な人工衛星をはこぶロケットとしては世界最小で、今もその記録はぬりかえられていないんだって。すごいね！

## ★ 「世界で最もすばらしい」固体燃料ロケット

　Mロケットは、1970年代から2000年代にかけて活躍した日本の固体燃料ロケットです。固体燃料は、打ち上げの準備が簡単で安全性が高いという利点があります。Mロケットは、すべての燃料に固体燃料を使っていました。

　Mロケットの登場で、日本は本格的に人工衛星の打ち上げに乗り出しました。とくにM-Vロケットでは、火星探査機「のぞみ」（→1巻11ページ）、小惑星探査機「はやぶさ」（→1巻27ページ）などを打ち上げました。M-Vロケットは成功率が高く、遠くの惑星探査にまで活用できることから「世界で最もすばらしい」固体燃料ロケットと国際的にも高く評価されました。M-Vロケットの技術は、イプシロンロケットへと受けつがれています。

コントロールがむずかしい固体燃料ロケットで惑星探査機を打ち上げたことに、世界中がおどろいたんだって。

1998年7月、火星探査機「のぞみ」を打ち上げたM-Vロケット3号機。
©JAXA

小惑星探査機「はやぶさ」をM-Vロケット5号機のフェアリングに搭載しているようす。2003年5月に打ち上げられた。
©JAXA

M-Vロケットは1997年から2006年まで運用されて、4つの天文観測衛星と2つの惑星探査機の打ち上げに成功したんだ。

# 液体燃料ロケットの発展

## 液体燃料ロケットにより、人工衛星を次々と宇宙へ

固体燃料ロケットの開発が進む一方、より制御しやすく、打ち上げ能力が高い液体燃料ロケットの開発も求められるようになりました。そこで、アメリカのデルタロケットの技術をもとに日本がつくったのが、N-Ⅰロケットです。

N-Ⅰロケットは1975年から1982年の間に7機が打ち上げられ、技術試験衛星「きく1号」や電離層観測衛星「うめ」など、多くの人工衛星の打ち上げに成功しました。そして、その技術は次のN-Ⅱロケットへ受けつがれ、静止気象衛星「ひまわり2号」などの、より大型の人工衛星の打ち上げにつながりました。1981年から1987年にかけてN-Ⅱロケットによって8機の人工衛星が打ち上げられ、すべて成功をおさめています。これらのロケットの開発や運用を通して、日本の宇宙開発技術はさらにみがかれていきました。

1982年9月、技術試験衛星「きく4号」をのせて、打ち上げられる直前のN-Ⅰロケット。
©JAXA

1987年2月、海洋観測衛星「もも1号」を打ち上げるN-Ⅱロケット。
©JAXA

液体燃料ロケットを早く開発するために、アメリカから技術を教わってつくったんだね。

# 世界有数の性能を持つ H-IIAロケット

その後、さらに大きな衛星を打ち上げるために開発された液体燃料ロケットが3段式のH-Iロケットで、1986年、はじめての打ち上げに成功しました。大きく性能のよいロケットの開発はさらに進められ、1994年にH-IIロケットが誕生します。2トンもの重い人工衛星をはこべるH-IIは、すべて日本の技術でつくられたはじめてのロケットですが、打ち上げにお金がかかりすぎる問題がありました。

そこで生まれたのが、2001年に開発された改良型のH-IIAロケットです。H-IIAは設計や製造をくふうし、打ち上げ費用を半分以下にへらしました。H-IIAは日本の宇宙開発の中心的な役割をはたし、たくさんの人工衛星や探査機を宇宙へと届けただけでなく、日本の宇宙技術を世界中にしめすことができました。その技術は、次世代のH3ロケットへと受けつがれています。

工場で組み立てられるH-Iロケット。
©JAXA

> 20数年で50機もの人工衛星を打ち上げたH-IIAロケットは、世界的に見ても打ち上げ能力がとても高いロケットだったんだ。

X線分光撮像衛星 XRISM と小型月着陸実証機 SLIM をのせて、種子島宇宙センターから2023年9月に打ち上げられた H-IIA ロケット47号機。
©JAXA

## 民間でもロケット開発がさかんに！

民間ロケットの開発は世界的に活発化しています。日本では、実業家の堀江貴文氏が創設し北海道大樹町を拠点とするインターステラテクノロジズ社が、2017年に液体燃料ロケットMOMOの打ち上げをはじめました。2019年にはMOMO3号機が日本の民間企業初となる宇宙空間への到達に成功しています。さらに、小型人工衛星打ち上げ用の新型ロケットZEROを開発中です。

ほかに、スペースワン社が全長約18mの3段式固体燃料ロケット「カイロス」を開発しています。カイロスは、打ち上げまでの期間を世界最短にし、世界最高頻度の打ち上げをめざしています。2024年におこなわれた2回の打ち上げは失敗に終わりましたが、今後の活躍が期待されています。

2019年5月に北海道大樹町で打ち上げられたMOMO3号機は、日本ではじめて民間企業による宇宙到達に成功した。
©2019 nvs-live.com

# 日本の観測ロケット

高度 100 ～ 1000km の宇宙へ飛び、落下するまでの間にさまざまな観測や実験をおこなうのが観測ロケットです。さまざまな観測ロケットが日本で活躍しています。

## 世界最小の軌道ロケット SS-520

SS-520 は小型・高性能の観測ロケットで、直径 52cm という小型ロケットながら、140kg の荷物を高度 800km まで打ち上げる能力を持ちます。SS-520 は、S-520（→ 25 ページ）を第 1 段として使用し、新規に開発した炭素繊維強化プラスチック製の第 2 段を組み合わせた 2 段式の固体燃料ロケットです。主に 70 ～ 90km をこえる高度の「超高層大気」の観測に活用されています。

さらに 3 段目を追加するとより強い推力が得られ、小型人工衛星を打ち上げることもできます。2018 年には SS-520-5 号機が超小型衛星「たすき」の打ち上げに成功し、「最小の軌道ロケット」としてギネス世界記録に認定されました。

### ★基礎データ★

- ●到達高度：800km
- ●長さ：9.65m ●直径：52cm ●重さ：2.6 トン
- ●最大打ち上げ能力：140kg
- ●運用期間：1998 年～

2017 年 1 月、内之浦宇宙空間観測所（鹿児島県）でおこなわれた SS-520-4 号機の打ち上げ実験のよう。
©JAXA

### ■地球大気圏の構造

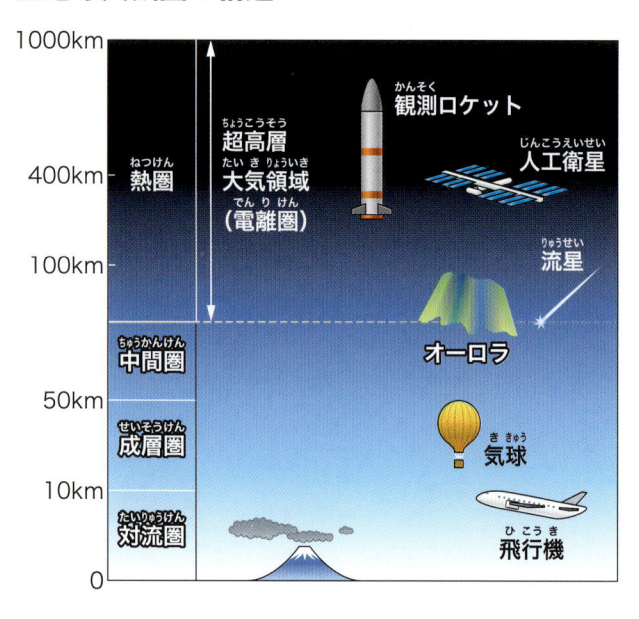

1000km
400km ― 熱圏（ねっけん）／超高層大気領域（電離圏）／観測ロケット／人工衛星
100km ― 流星
／中間圏（ちゅうかんけん）／オーロラ
50km ― 成層圏（せいそうけん）／気球
10km ― 対流圏（たいりゅうけん）／飛行機
0

地球をとりまく大気圏は、高度によって対流圏、成層圏、中間圏、熱圏とよばれ、超高層大気はその最上層部分のこと。いまだになぞが多い領域で、調査が進められている。

小型人工衛星の打ち上げ技術試験にも使われている SS-520 は、「たすき」の打ち上げ成功で世界からも注目されているよ。

# 爆発的な燃焼で宇宙へと飛びだす S-520（エス）

S-520 は K ロケットに変わるロケットとして開発され、1980 年に初号機が打ち上げられました。性能のよい推進薬や構造の改良などで、それまで主力だった K-9M の 2 倍の運搬能力を実現しました。S-520 を使って、次世代の探査機やロケットのためのさまざまな技術試験がおこなわれています。

S-520-31 号機では、2021 年 7 月に「デトネーションエンジンシステム」の実証実験がおこなわれました。デトネーションは、衝撃波をともなう爆発的な燃焼で、日本語では「爆轟」といいます。小型軽量化が可能になるデトネーションを使ったエンジンの開発は世界中でおこなわれていますが、宇宙でデトネーションエンジンの試験をしたのは、S-520 が世界初です。

2012 年 12 月におこなわれた S-520-28 号機の打ち上げ実験のようす（内之浦宇宙空間観測所）。
©JAXA

## ★基礎データ★

- ●到達高度：300km
- ●長さ：8m ●直径：52cm ●重さ：2.1 トン
- ●最大打ち上げ能力：150kg
- ●運用期間：1980 年〜

---

# 成功率100%の打ち上げを達成 S-310（エス）

S-310 は直径 31cm の小型ロケットで、南極観測ロケットとして開発された S-300 の後継機です。1975 年から使われ、45 機以上が打ち上げられていますが、打ち上げたすべてが成功しています。

高い成功率をもたらす特徴の一つが、S-310 の設計にあります。S-310 の尾翼は 1 枚あたり 0.2 度かたむけてとりつけてあります。それによって、ロケットを回転（スピン）させ、飛行を安定させているのです。これまで S-310 は電離層などの高層大気の観測などに使われてきました。た

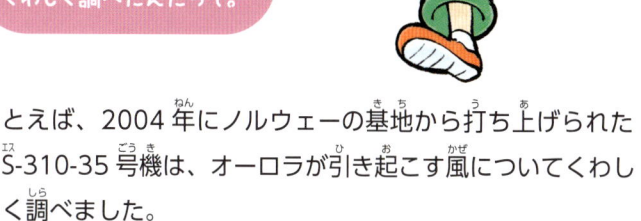

ノルウェーから打ち上げられたロケットでは、オーロラにかかわる大気現象をくわしく調べたんだって。

とえば、2004 年にノルウェーの基地から打ち上げられた S-310-35 号機は、オーロラが引き起こす風についてくわしく調べました。

## ★基礎データ★

- ●到達高度：150km
- ●長さ：7.1m ●直径：31cm ●重さ：0.7 トン
- ●最大打ち上げ能力：50kg
- ●運用期間：1975 年〜

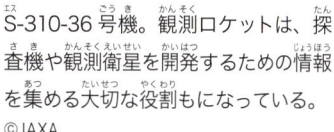

S-310-36 号機。観測ロケットは、探査機や観測衛星を開発するための情報を集める大切な役割にもなっている。
©JAXA

# 最先端研究に挑戦！
## 科学観測用大気球

200 年以上前に人類をはじめて空へはこんだ気球ですが、宇宙観測の現場では、今でも欠かせないものの一つです。

0.0028mm というきわめてうすいポリエチレンフィルムでつくられ、空気より軽いヘリウムガスでふくらませた気球は、ガスの浮力で高度 20 ～ 50km の成層圏（→ 24 ページ図）まで上昇します。

大気球の大きな特徴は、人工衛星よりも低く、飛行機よりも高い高度に長くとどまれることです。この特徴を生かして、最新鋭の実験装置や観測機器を使った新しい研究が数多くおこなわれています。

また、「スーパープレッシャー気球」の開発も進んでいます。スーパープレッシャー気球は、特別な技術を用いて、通常の気球よりもしぼみにくく、長く飛びつづけられるようにした気球です。金星や火星など、大気の成分や特徴が地球と大きくことなる天体でも使用できると期待されています。

銀河中心のブラックホールを観測するアンテナを大気球のゴンドラにのせて、成層圏まで打ち上げる壮大な技術試験もおこなわれている。
©JAXA

大気球が上空にとどまる時間の多くは数時間ほどだけど、長いときは数週間とどまることもできるんだって。

スーパープレッシャー気球（B20-03 号機）の性能評価実験で、気球をヘリウムガスでふくらませているようす。
©JAXA

# 2章

# 宇宙から地上を、地上から宇宙を観測

# 人工衛星の目的と種類

現在、地球の上空では、約1万基という大量の人工衛星が稼働しています。目的や種類などによって形や大きさもことなる人工衛星ですが、どんなものがあるのでしょうか。

## 地球の変化を宇宙から見る地球観測衛星

人工衛星はさまざまな目的で打ち上げられますが、大きな目的の一つが地球環境の観測です。地球を観測するために打ち上げられた人工衛星は、「地球観測衛星」とよばれます。

地球観測衛星は、主に二酸化炭素などの温室効果ガスをはかって地球温暖化の原因を調べたり、地震や火山噴火による被害状況を把握したりする目的で運用されています。また、雲の変化や雨の量を調べる気象衛星もあります。私たちが目にする天気予報は、気象衛星の活躍によって成り立っているのです。

地球の同じ場所を観測しつづける人工衛星は「静止衛星」とよばれ、高度3万6000kmの「静止軌道」という軌道を飛行しています。静止衛星は地球がまわる自転のペースに合わせて秒速約3kmで飛ぶことで、同じ場所をずっと見つづけることができるのです。

1977年に打ち上げられた日本初の気象衛星「ひまわり」。
©JAXA

世界中で毎年、1000基以上の人工衛星が打ち上げられていて、どんどん数がふえているんだよ。

地球の大気や雲、水などの環境調査を目的に、アメリカ、日本、ブラジルの3か国が共同で2002年5月に打ち上げた地球観測衛星 Aqua。搭載された AMSR-E というアンテナは、改良され「しずく」（→34ページ）に引きつがれている。
©NASA

# 情報の中継や位置情報測定に使われる人工衛星

地球の観測のほかにも、人工衛星にはさまざまな役割があります。たとえば、ほかの人工衛星からの情報を中継し、情報を地球に早く伝える「通信衛星」(→ 36 ページ) はその一つです。また、カーナビやスマートフォンなどの地図で位置を確認するために欠かせない位置情報をはかる「測位衛星」(→ 37 ページ) や、衛星放送などに使われる「放送衛星」も重要な人工衛星です。

人工衛星が地球をまわる高さは、役割に合わせて決められています。地球をくわしく調べるために高度 1000km までの低軌道を飛ぶ衛星もあれば、地球の広い範囲を見るために高度 3 万 6000km までの中軌道を通る衛星もあります。

世界的に有名な測位衛星であるアメリカの GPS (Global Positioning System) 衛星。
©NASA

1983 年に打ち上げられた日本初の静止実用通信衛星「さくら 2 号」。
©JAXA

1990 年に打ち上げられた実験用中継放送衛星「ゆり 3 号」のイメージ。
©JAXA

GPS は、地図やカーナビなどに使用されている位置情報サービスの代名詞になっているね。

## 人工衛星の軍事利用

宇宙開発は、戦争とも密接にかかわっています。ロケットはもともと敵国を攻撃するミサイルとして発明されたもので、アメリカやソ連 (現在のロシア) が開発をきそったことで、技術の発展が進んだといえます。

人工衛星も、宇宙から敵を偵察したり、監視したりするのに重要な役割をはたします。ミサイルを飛ばすには、GPS 衛星の正確な位置情報が必要です。無人機 (ドローン) の運用に、通信衛星が利用されることもあります。2022 年にロシアがウクライナに攻めこんだウクライナ戦争でも、スペース X 社の通信衛星スターリンクが通信などに使われたと報道されました。

# 先進レーダ衛星「だいち4号」

### ★基礎データ★

- ●別名：ALOS-4
- ●主な目的：地殻変動や環境変化、海洋など、地球全体の観測
- ●打ち上げ日：2024年7月1日
- ●ロケット：H3ロケット3号機
- ●打ち上げ場所：種子島宇宙センター

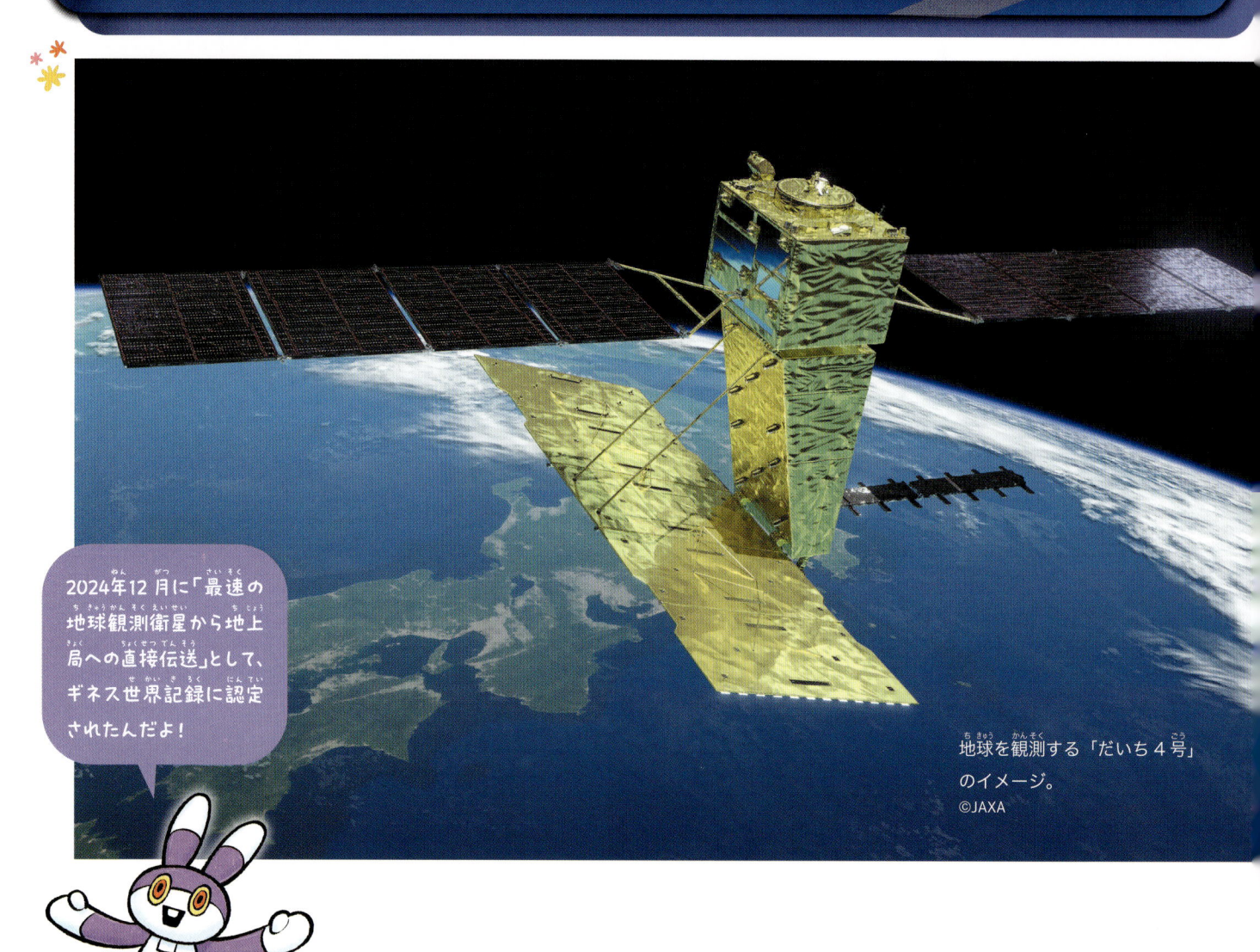

2024年12月に「最速の地球観測衛星から地上局への直接伝送」として、ギネス世界記録に認定されたんだよ！

地球を観測する「だいち4号」のイメージ。
©JAXA

## 世界最高レベルの観測をおこない、災害から日本を守る

2024年7月にH3ロケットで打ち上げられた「だいち4号」は、地球を観測する最先端の衛星です。

とくにすぐれているのが、「Lバンド合成開口レーダ（PALSAR-3）」とよばれる最新鋭のレーダーです。このレーダーは、夜でも嵐でも地球のようすを観測することができます。しかもこのPALSAR-3は、それまでの「だいち2号」の4倍も広い範囲を一度に観測できるのです。日本全体を観測する回数も、だいち2号では1年間に約4回だったのが約20回にふえ、宇宙で撮影した画像もすぐに地球に送れるようになりました。

だいち4号は森林の変化や火山活動のようすなどの地球環境を観測することで、災害対策や地球環境の保護に役立つ情報を届けます。また地震などの災害が発生したときに、被害状況をすばやく調べるのにも活躍します。

## ■「だいち4号」の各部名称

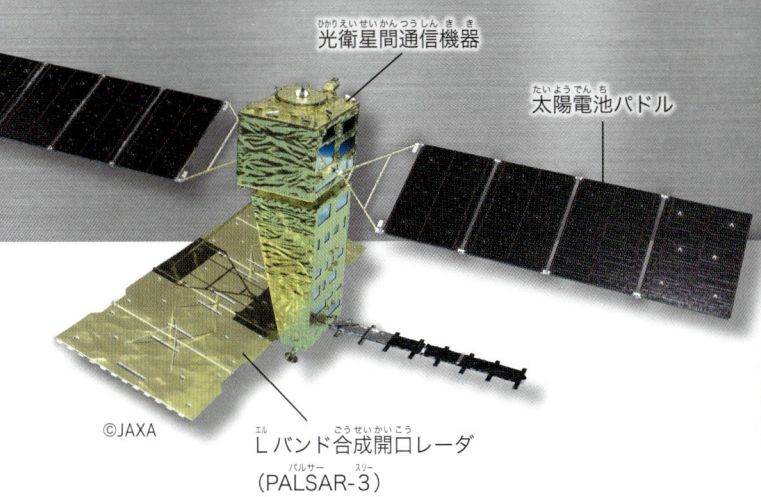

光衛星間通信機器

太陽電池パドル

©JAXA

Lバンド合成開口レーダ
（PALSAR-3）

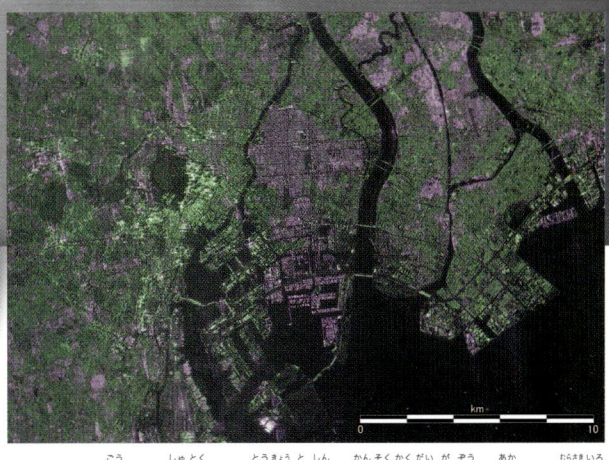

「だいち4号」が取得した東京都心の観測拡大画像。明るい紫色と黄緑色が市街地、緑色が植生（植物）、暗い紫色や黒色は土の地面および水面をあらわす。
©JAXA

# ✦ 初号機、2号機とつづく高い技術

　「だいち4号」の登場以前から、地球の広域な観測はおこなわれていました。2006年に打ち上げられた「だいち」初号機は、3つの高性能なセンサーを搭載し、細かな地図の作成や災害状況の調査に活躍しました。2014年には、後継機としてさらに観測能力が高い「だいち2号」が観測をはじめました。

　「だいち2号」も4号機と同じようにレーダーを使って観測をおこないます。電波を地球に向かってあてて、はねかえってきた電波を受けて観測するのです。「だいち2号」は地震や火山活動による地表面の動きを数cmの高い精度でとらえることができ、世界有数の精度を誇ります。当初の予定運用期間は5年でしたが、2025年現在も運用が継続されています。

　なお、「だいち3号」は2023年3月のH3ロケット試験機1号機で打ち上げられましたが、打ち上げの失敗により、軌道には投入されませんでした。

「だいち2号」は、2015年のネパール地震で建物の倒壊状況なども調査したんだって！

陸域観測技術衛星「だいち」初号機（ALOS）のイメージ。
©JAXA

陸域観測技術衛星2号「だいち2号」（ALOS-2）のイメージ。
©JAXA

# 環境や気象を観測する人工衛星

宇宙という非常に高い高度から地球を見下ろして、地球環境の変化や気象状況、災害のようすなどのデータを観測している人工衛星（地球観測衛星）の数々を紹介します。

## 雲エアロゾル放射ミッション　EarthCARE

4つのセンサーを使って、大気中のちりのような小さな粒子などの「エアロゾル」や雲の観測をおこなう、日本とESA（ヨーロッパ宇宙機関）が協力して開発した人工衛星がEarthCARE です。CPR（雲プロファイリングレーダ）というセンサーを使って、雲の構造を調べることができます。

地球温暖化などの気候変動には、エアロゾルや雲の中の構造が大きくかかわっていると考えられています。その影響をくわしく調べることで、気候変動の予測をより正確におこなうことが期待されています。

> CPR は台風のような、ぶあつい雲のようすもとらえることができるんだって。

### ★基礎データ★

- ●別名：はくりゅう
- ●主な目的：地球全体の雲やエアロゾルの観測
- ●打ち上げ日：2024 年 5 月 29 日
- ●ロケット：ファルコン9（アメリカ）

EarthCARE 衛星のイメージ。白い機体から太陽電池パドルが竜の長い尾のようにのびた姿から、「はくりゅう」の和名がつけられた。
©JAXA

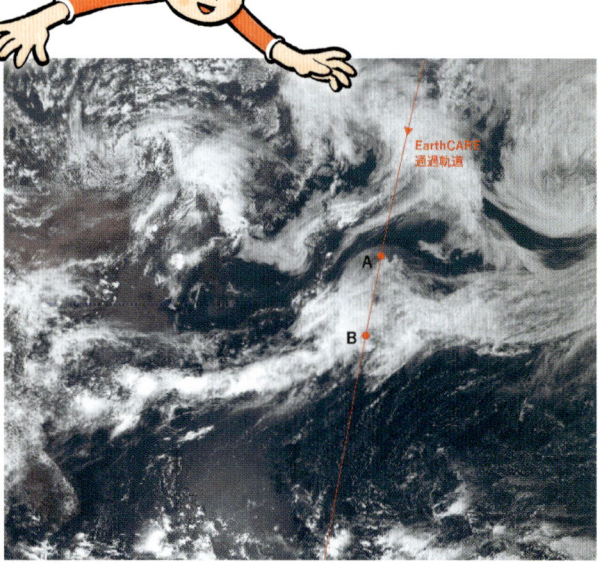

2024 年 6 月 13 日 13 時 36 分ごろ（日本時間）、日本の東海上空の梅雨前線上の雲域を、静止気象衛星「ひまわり」が観測した画像にEarthCARE 衛星の軌道を重ねたもの。
©JAXA/JMA

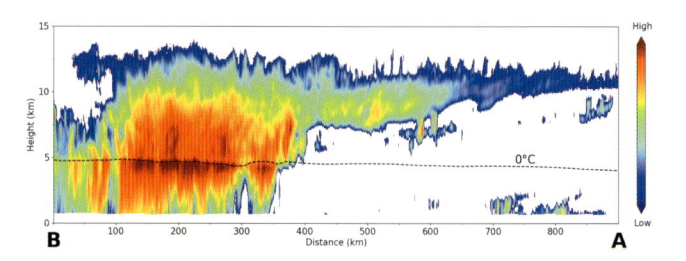

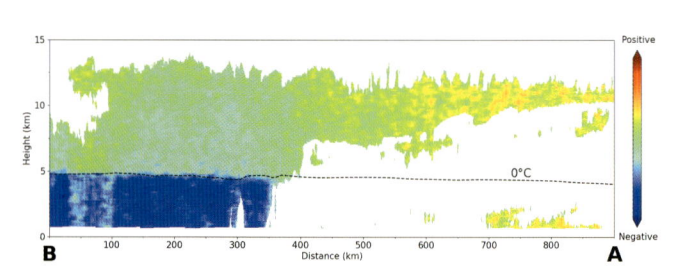

左図の A点から B点を通過したときに CPR がとらえた画像。上図は雲の強度、下図は雲の上下方向の速度をしめしている。
©JAXA/NICT/ESA

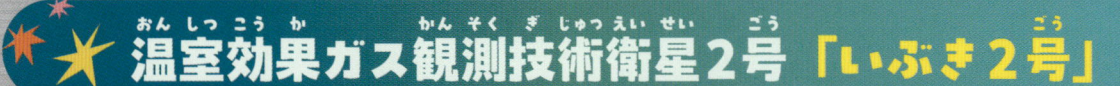

# 温室効果ガス観測技術衛星2号 「いぶき2号」

地球温暖化の原因とされる、二酸化炭素やメタンなどの温室効果ガスを宇宙から観測する人工衛星が、温室効果ガス観測技術衛星2号「いぶき2号」です。光を何万色にも分けて観測できる世界最高性能のセンサーを使って、大気中の二酸化炭素やメタンが吸収した色の量から温室効果ガスのデータを取得します。

初代の「いぶき」よりも二酸化炭素とメタンをくわしく調べられるだけでなく、「いぶき2号」は新たに一酸化炭素も観測できるようになりました。発電所などの燃焼は一酸化炭素があまり排出されないので森林火災などと区別しやすくなり、人の活動で出ている二酸化炭素をより正確にはかれるようになりました。各国が温室効果ガスを出す量の計算や、大気汚染などの監視に役立っています。

★基礎データ★
- ●別名：GOSAT-2
- ●主な目的：温室効果ガスの高精度の観測
- ●打ち上げ日：2018年10月29日
- ●ロケット：H-ⅡAロケット40号機

地球上空の衛星周回軌道をまわる「いぶき2号」のイメージ。
©JAXA

# 気候変動観測衛星 「しきさい」

気候変動観測衛星「しきさい」は、地球環境の長い期間にわたる変化を宇宙から見る人工衛星です。高度約800kmをまわり、2日ごとに地球全体を観測することができます。

「しきさい」はさまざまな光を観測することで、大気中のエアロゾルの影響や植物の葉っぱの色や面積、植物が活発に光合成をしているか、海洋の状態など、地球の気候に影響をあたえるさまざまな現象をくわしく観測しています。また災害の監視にも役立っています。

★基礎データ★
- ●別名：GCOM-C
- ●主な目的：地球の環境変動の長期間にわたる観測
- ●打ち上げ日：2017年12月23日
- ●ロケット：H-ⅡAロケット37号機

各国が地球温暖化の対策を考えるときにも、「いぶき2号」や「しきさい」、「だいち4号」（→30ページ）のデータが役立っているんだ。

気候変動観測衛星「しきさい」のイメージ。
©JAXA

# 全球降水観測計画 / 二周波降水レーダ GPM/DPR

GPM/DPR のミッションは、宇宙から世界中の雨や雪を観測することです。GPM 主衛星には、日本が開発した観測装置の「二周波降水レーダ (DPR)」と NASA (アメリカ航空宇宙局) が開発した観測装置の「GPM マイクロ波放射計 (GMI)」をのせています。

DPR は電波をあてて雨や雪がふるようすを立体的に観測し、GMI は雨の強さをはかります。地球全体の雨や雪を観測することで、その情報は防災や農業などに生かされています。

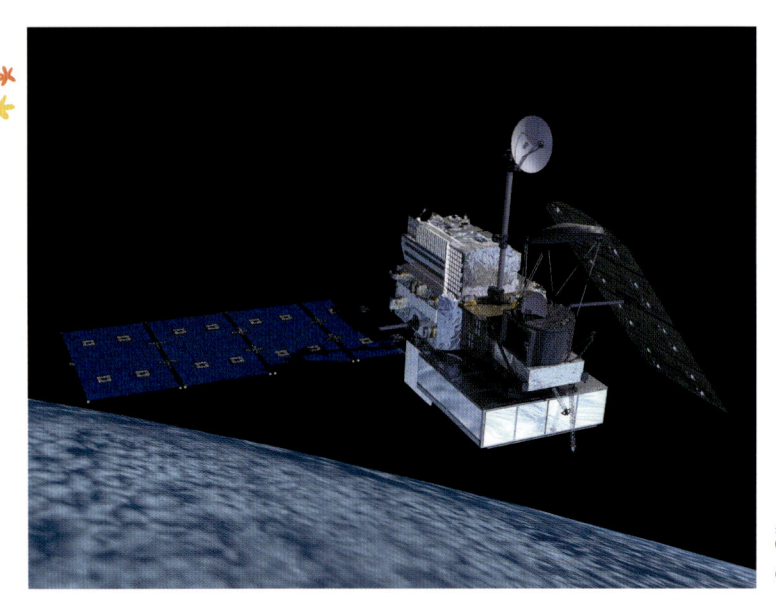

### ★基礎データ★
- ●主な目的：世界中の雨や雪の観測
- ●打ち上げ日：2014 年 2 月 28 日
- ●ロケット：H-ⅡA ロケット 23 号機

GPM 主衛星の軌道上イメージ。
©JAXA

# 水循環変動観測衛星 「しずく」

「しずく」は、地球の表面の水の循環の変化を観測している人工衛星です。空気中の水蒸気や雨の量、海に浮かぶ氷や山につもる雪の量などを調査し、地球の水がどう動いているのかを調べます。

「しずく」の「高性能マイクロ波放射計 2 (AMSR2)」は直径約 2m にもなるアンテナで、地球の表面や海面などから出る電波 (マイクロ波) をくわしく観測し、水の動きを調べます。こうした観測データを生かして、天気予報や漁業情報 (魚の多い場所の情報) などに貢献しています。

### ★基礎データ★
- ●別名：GCOM-W
- ●主な目的：地球の水にかかわる環境変動の長期間にわたる観測
- ●打ち上げ日：2012 年 5 月 18 日
- ●ロケット：H-ⅡA ロケット 21 号機

「しずく」は、エルニーニョやラニーニャ*といった海水面の温度変化や、北極海の氷の面積の変化なども監視しているんだって。

＊エルニーニョとラニーニャ：エルニーニョは太平洋赤道域の海水面の温度が平年よりとても高くなる現象で、世界の気候に大きく影響する。反対にラニーニャは海水面の温度が平年より低くなる現象で、世界の気候に影響をあたえる。

水循環変動観測衛星 「しずく」のイメージ。
©JAXA

# 静止気象衛星「ひまわり9号」

上空3万6000kmの高度から地球を見て、気象予報に欠かせないさまざまな情報を集めるのが静止気象衛星「ひまわり」です。現在活躍しているのは「ひまわり9号」で、2017年から待機運用がはじまり、2022年に「ひまわり8号」から観測を引きつぎました。

「ひまわり9号」は、3種類のセンサーを使って、雲の形や気温、海の温度などを観測しています。雲の形や動きから、上空の風向きや風速なども推測することができます。このような情報と地上の観測データを組み合わせて、私たちがふだんの生活で目にする天気予報が発表されているのです。

「ひまわり」の8号と9号は同じ機能を持っていて、1機がこわれてもかわりができるように、もう1機も宇宙で待機運用しているんだ。

「ひまわり8号」と「ひまわり9号」のイメージ。
© 気象庁

私たちにとって、それだけ重要な人工衛星なんだね。

2017年1月24日、「ひまわり9号」がはじめて撮影した地球の画像。雲の動きや大気の流れまで、非常に高精細に写されている。
出典：気象庁ホームページ

35

# 地球と宇宙をつなぐ通信衛星

通信衛星は、遠距離間通信を中継するために宇宙に打ち上げられた人工衛星です。電話やテレビの衛星放送、インターネットなど、生活に欠かせない多くの分野で活躍しています。

## 光衛星間通信システム LUCAS

光衛星間通信システム LUCAS は、地球観測衛星の情報を中継衛星にいったん送り、中継衛星から地球へと届けるシステムです。地球観測衛星は、地上局の上空を通りすぎると情報を地上に送ることができません。そこで、中継衛星を3万6000km の高度に置くことで、より長い時間、地上局にデータを送ることができるようになるのです。

さらに LUCAS では、データ通信に電波ではなくレーザー光を使って、たくさんのデータを一度に送ることができるようになりました。電波は広範囲に広がるため、地上のほかの通信のじゃまをしないように調整が必要でしたが、レーザー光による通信はほとんど広がらないため、周囲への影響が小さくてすみます。LUCAS を使えば、災害が起きたときに、すばやく観測データを地上に届けることもできるようになります。

### ★基礎データ★

- ●**主な目的**：地球観測衛星と中継衛星を光通信でむすび、大容量データを高速でやりとりすること
- ●**打ち上げ日**：2020 年 11 月 29 日
- ●**ロケット**：H-ⅡA ロケット 43 号機

### ■光衛星間通信システムのしくみ

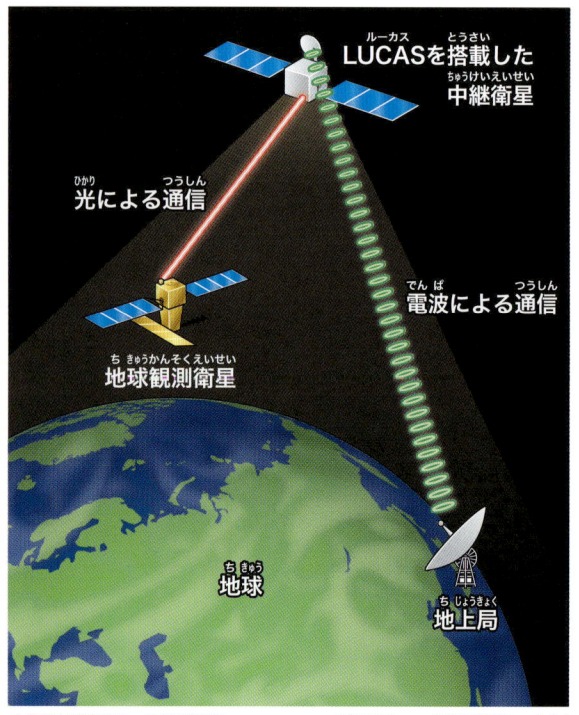

LUCASを搭載した中継衛星

光による通信

電波による通信

地球観測衛星

地球

地上局

地球観測衛星と中継衛星のやりとりは光通信が、中継衛星と地上局のやりとりには電波が用いられる。

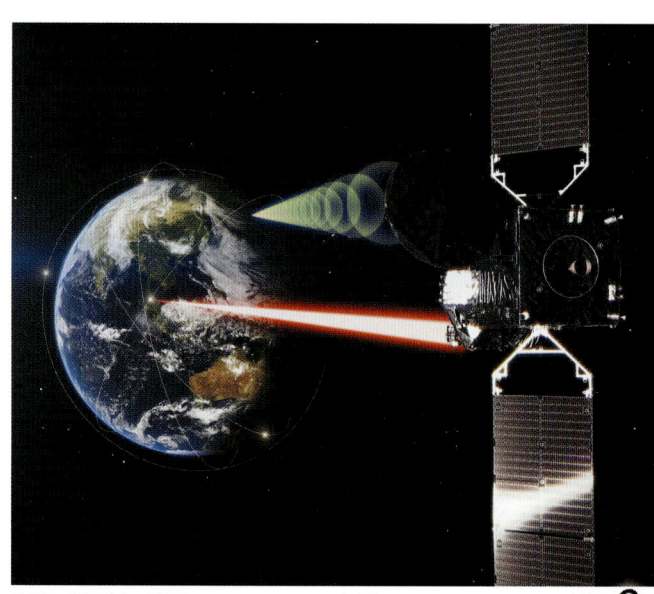

地球と光通信で情報をやりとりする LUCAS のイメージ。
©JAXA

中継衛星は、地球の自転と同じ速さで地球の周囲をまわっているので地上からは同じ場所にとどまっているように見える「静止衛星」の一種だよ。

# 位置情報を知らせる測位衛星

地球上の位置情報の信号を宇宙から発信するのが測位衛星です。アメリカの全地球測位システム（GPS）が代表的ですが、日本も、自国周辺の位置情報を計測する測位衛星を運用しています。

## 準天頂衛星システム「みちびき」

準天頂衛星システム「みちびき」は、人工衛星からの電波によって位置情報を知ることができる日本の衛星測位システムです。日本版GPSとよばれることもあります。たとえば、車の走っている位置を確認するカーナビや、スマートフォンで自分の位置が確認できる地図などの位置情報サービスには、「みちびき」が活用されています。

「みちびき」は2010年に初号機（2021年に後継機を打ち上げ）が打ち上げられ、2018年からは人工衛星4機体制で運用されています。日本の上空につねにいずれかの衛星が存在するようになり、ビルや樹木などで信号が邪魔される都市部や山間部でも、位置の情報がより得やすくなりました。

### ★基礎データ★

- **別名**：QZSS（Quasi-Zenith Satellite System）
- **主な目的**：人工衛星からの電波による位置情報の計測
- **打ち上げ日**：2021年10月26日（初号機後継機）
- **ロケット**：H-ⅡAロケット44号機（初号機後継機）

2025年2月2日、「みちびき」6号機がH3ロケット5号機で種子島宇宙センターからの打ち上げに成功しました。その後も5号機と7号機が打ち上げられる予定で、2026年度には「みちびき」は7機体制となる予定です。これにより、さらに正確な位置情報の取得が可能になると期待されています。

「みちびき」初号機のイメージ。
©JAXA

「みちびき」は主に日本をふくむアジア・オセアニアの上空にいて、アメリカのGPS衛星とも協力してサービスを提供しているんだって。

### ■「みちびき」の軌道

東経140度

「ひまわり」
赤道

「みちびき」

「みちびき」は、日本上空では空の高い位置に、オーストラリア上空では空の低い位置に見え、地球からは8の字をえがいているように見える（準天頂軌道）。一方、気象衛星「ひまわり」（→35ページ）は東経140度の赤道上空3万6000kmにあり、地球からは止まって見える（静止軌道）。

# 運用を終えた日本の人工衛星

すでに運用を終了している日本の地球観測衛星や通信衛星などを紹介します。多くの人工衛星が、災害対策や気象観測、通信に関する技術の発展に貢献する、大きな活躍をしました。

大きな災害が発生した時、その性能を生かして活躍した人工衛星も多いんだ。

## 超高速インターネット衛星「きずな」

世界で最も速い通信速度を実現した通信衛星が「きずな」です。世界ではじめて、最大3.2Gbpsの超高速通信を実現しました。2011年3月の東日本大震災では、宇宙から通信をおこなうことで被災地からのインターネット通信を可能にするなど、重要な役割をにないました。

★基礎データ★
- 別名：WINDS（ウインズ）
- 主な目的：高速衛星通信システムを構築し、地域ごとの情報の格差をなくすこと
- 打ち上げ日：2008年2月23日
- 運用終了日：2019年2月27日

「きずな」のイメージ。特殊なアンテナをすばやく制御することで、アジアの広域に超高速通信を実現した。
©JAXA

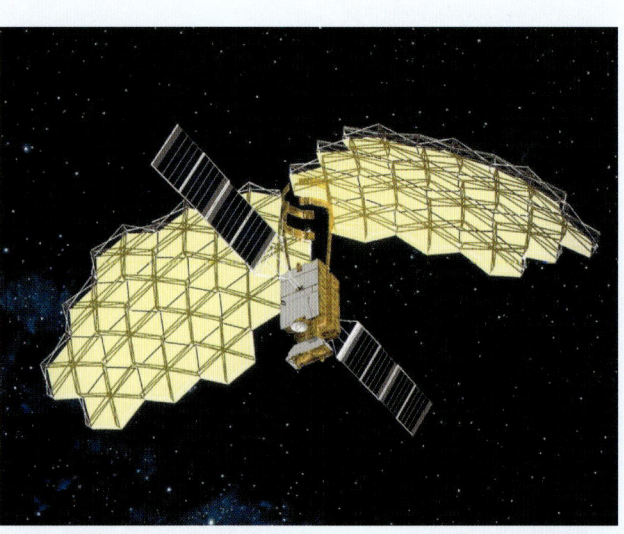

「きく8号」のイメージ。金属の糸をあみこんだアンテナの開発には、日本の伝統工芸「友禅織」の技術が生かされた。
©JAXA

## 技術試験衛星「きく8号」

災害時などでも確実に通信ができる新たな技術を試験した人工衛星です。テニスコートほどの大きさがある世界最大級のアンテナを広げ、山間部や島などもふくめ、日本中で圏外になることなく通信できるようになりました。

★基礎データ★
- 別名：ETS-Ⅷ（イーティーエス エイト）
- 主な目的：携帯電話サイズの端末でも可能な衛星通信技術の確立
- 打ち上げ日：2006年12月18日
- 運用終了日：2017年1月10日

## 環境観測技術衛星「みどりⅡ」

長い太陽電池パドルが特徴の「みどりⅡ」。その大きさは日本の人工衛星の中でも最大級です。地球が出すマイクロ波を使って海水面の温度や台風の調査などをおこないましたが、雲の影響なしに地球全体の海水面の温度を測定したのは、「みどりⅡ」でしか得られなかった成果です。

### ★基礎データ★
- **別名**：ADEOS-Ⅱ
- **主な目的**：地球温暖化など地球規模の環境変化の実態をつかみ、気候変動研究に貢献すること
- **打ち上げ日**：2002年12月14日
- **運用終了日**：2003年10月25日

「みどりⅡ」のイメージ。太陽電池パドルの長さは約28mもある。
©JAXA

## データ中継技術衛星「こだま」

データ中継を専門とする日本初の人工衛星が「こだま」です。国際宇宙ステーション（ISS→3巻10ページ）やほかの人工衛星と地上局との間でデータを中継しました。東日本大震災では「だいち」（→30ページ）の情報を得て、短時間で被害状況を知ることができました。

### ★基礎データ★
- **別名**：DRTS
- **主な目的**：低・中軌道をまわる人工衛星と地上局との通信を中継し、通信可能範囲を大きく広げること
- **打ち上げ日**：2002年9月10日
- **運用終了日**：2017年8月5日

日本1国だけでなく、ほかの国と協力して開発した人工衛星もあるんだね。

## 熱帯降雨観測衛星 TRMM

日本とアメリカが共同で開発した、熱帯地域に降る雨を観測する人工衛星です。人工衛星本体はアメリカの開発ですが、とくに日本が開発した降雨レーダーは、台風の内側の雨の強さを立体的に観測できる画期的な性能を誇りました。

### ★基礎データ★
- **主な目的**：地球全体の雨量の約3分の2を占める、熱帯・亜熱帯地域に特化した降雨の観測
- **打ち上げ日**：1997年11月28日
- **運用終了日**：2015年4月8日

2つの大きなアンテナを使ってデータ中継をおこなう「こだま」のイメージ。
©JAXA

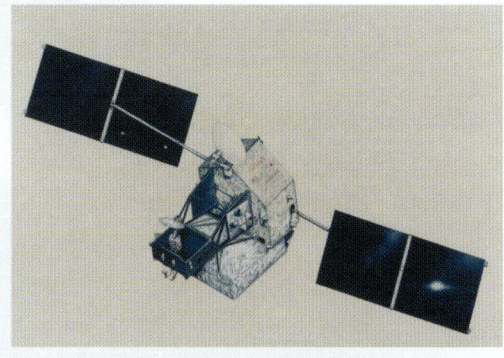

TRMMのイメージ。
©JAXA

# 地上から宇宙を観測する施設

人間の目では観測できない宇宙からの電波や光を地上から観測できる日本の施設が、国内だけでなく遠くはなれた外国にも設置され、長期間にわたって活躍しています。

## 国立天文台 野辺山宇宙電波観測所

長野県の野辺山高原にあるとても大きなパラボラアンテナが、野辺山宇宙電波観測所の象徴ともいえる直径45mの巨大な電波望遠鏡です。標高1350mの野辺山高原は、まわりの山が人工の電波をさえぎるため、宇宙からの弱い電波をとらえる最適な環境です。

この45m電波望遠鏡は、とくに「ミリ波」とよばれる波長の短い電磁波の観測では、世界トップクラスの性能を誇ります。その能力によって、45m電波望遠鏡は太陽系の天体から宇宙の果てにある銀河まで、幅広い観測をおこない数々の成果をあげています。銀河中心にある巨大ブラックホールの存在を世界ではじめて確認することに成功したのも、45m電波望遠鏡の大きな成果の一つです。

### ★基礎データ★

- **主な目的**：電波望遠鏡で宇宙からの電波（ミリ波）を観測し、宇宙の姿を明らかにすること
- **開所**：1982年3月
- **設置場所**：野辺山高原（長野県南牧村）

太陽からやってくる電波の強さと偏波（振動の向き）を測定する太陽電波強度偏波計も、野辺山宇宙電波観測所の重要な設備の一つ。
©NAOJ

電波は雲などにじゃまをされないので、雨やくもりの日でも問題なく観測ができるんだって。

単一アンテナの望遠鏡としては世界最大級の大きさを誇る45m電波望遠鏡。
©NAOJ

# すばる望遠鏡

すばる望遠鏡は、ハワイ島にある標高約 4200m のマウナケア山の山頂にあります。この望遠鏡は直径 8.2m の大きな鏡（主鏡）が特徴で、望遠鏡に使われる鏡としては世界最大級のものです。この鏡を使うことで、宇宙から届く非常にわずかな光をとらえることができ、これまでに 131 億光年もはなれた銀河や星の観察に成功しています。

また、すばる望遠鏡がそなえる超広視野主焦点カメラ（HSC）は、一度に広い範囲の空を観測することができます。宇宙に広がるなぞの物質であるダークマター（暗黒物質）の地図の作成や、太陽以外の星のまわりをまわる太陽系外惑星の発見などに活躍しています。

なおマウナケア山山頂では、すばる望遠鏡の後継である直径 30m の次世代望遠鏡 TMT の建設が、日本、アメリカ、カナダ、インド、中国の共同で進められています。

## ★基礎データ★

- ●主な目的：遠方の宇宙を精密に観測し、宇宙の構造や起源、銀河の進化などをさぐること
- ●運用開始：1999 年 1 月
- ●設置場所：マウナケア山山頂（アメリカ・ハワイ島）

> マウナケア山の山頂は晴れの日が多く大気も安定していて、天体観測にぴったりなので、いろいろな国の天文台があるんだよ。

> 銀河が衝突しているようすがクラゲのかさとしっぽのように見えるので、「くらげ銀河」ともよばれるんだって！

マウナケア山の山頂。中央に見えるのがすばる望遠鏡。
©NAOJ

すばる望遠鏡が撮影した衝突銀河。2 つの渦巻銀河が衝突しているようすがわかる。銀河はこのようにほかの銀河と衝突・合体をくりかえし、成長していったと考えられている。
©NAOJ　画像提供：田中賢幸

TMTの完成予想図。492 枚の鏡を組み合わせた直径 30mの主鏡を持つ望遠鏡で、2027 年以降の完成をめざしている。
©Courtesy TMT International Observatory

# アルマ望遠鏡

アルマ望遠鏡（アタカマ大型ミリ波サブミリ波干渉計）は、チリのアタカマ砂漠にある国際的な電波望遠鏡施設です。直径12mのパラボラアンテナ54台、直径7mのパラボラアンテナ12台の計66台を合わせて1つの巨大な望遠鏡として機能しています。日本やアメリカ、ヨーロッパなどが協力して運用し、2011年から観測をはじめました。

アルマ望遠鏡は、これまでにない精密さで宇宙を観測することができます。観測史上最古となる約131億年前の超巨大ブラックホールの発見や、若い星のまわりで惑星ができはじめているようすの撮影、約134億年前の宇宙最古の酸素の検出など、数えきれないほどの大きな成果をあげています。

- ●別名：ALMA
- ●主な目的：電波望遠鏡の電波観測によって、惑星誕生のしくみや地球外生命の可能性などをさぐること
- ●運用開始：2011年9月
- ●設置場所：アタカマ砂漠（チリ）

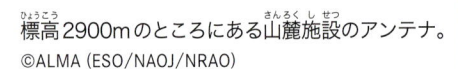

アルマ望遠鏡の視力を人間の視力にたとえると、視力1.0の6000倍にもなるんだって！

標高2900mのところにある山麓施設のアンテナ。
©ALMA (ESO/NAOJ/NRAO)

アルマ望遠鏡山頂施設。直径のちがうたくさんのアンテナがずらりとならぶ。
©ALMA (ESO/NAOJ/NRAO), A. Marinkovic/X-Cam

## ■アルマ望遠鏡の観測画像

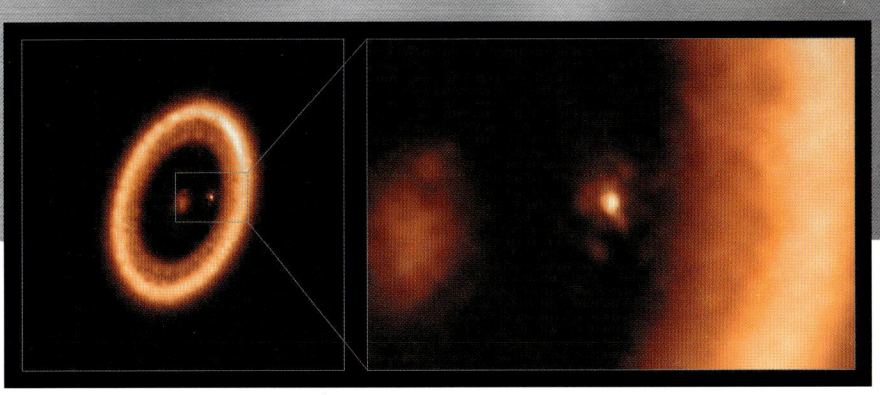

アルマ望遠鏡で撮影した原始惑星系円盤（左）と、その周囲をまわる惑星を拡大したもの（右）。太陽系外惑星のまわりに星を形成する円盤を、世界ではじめて発見した。
©ALMA (ESO/NAOJ/NRAO)/Benisty et al.

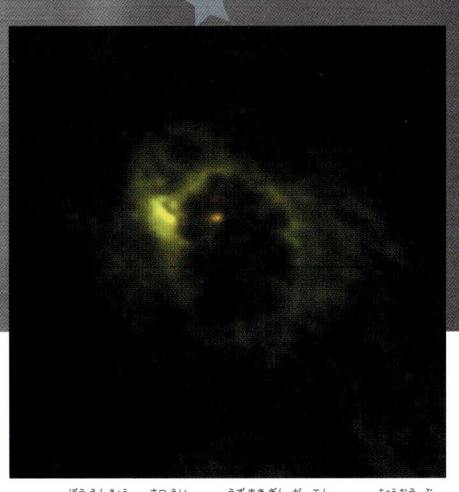

アルマ望遠鏡で撮影した渦巻銀河 M77 の中央部。半径約 700 光年のガス雲の中心にある超巨大ブラックホールをつつむ半径約 20 光年のガス雲が見える。
©ALMA (ESO/NAOJ/NRAO), Imanishi et al.

# アステ望遠鏡

アステ望遠鏡（アタカマサブミリ波望遠鏡実験）は、直径 10m のパラボラアンテナの電波望遠鏡です。アルマ望遠鏡と同じくチリのアタカマ砂漠にあり、南半球ではじめてとなる本格的な大型サブミリ波望遠鏡としてつくられました。サブミリ波とは、ミリ波よりもさらに波長が短い電磁波です。

日本からは観測できない南天の空を観測するとともに、より大規模なアルマ望遠鏡の建設に向けたテストをおこなう役割もにないました。2017 年からは、超伝導技術を利用したまったく新しい電波受信機 DESHIMA が搭載されています。

### ★基礎データ★

● 別名：ASTE
● 主な目的：電波望遠鏡による、宇宙からの電波の高地での観測
● 運用開始：2002 年
● 設置場所：アタカマ砂漠（チリ）

日本とオランダの研究チームが開発した DESHIMA は、江戸時代にオランダと日本の交流の窓口だった長崎県の出島にちなんで名づけられたんだ。

標高 4860m という観測に適した場所のアタカマ砂漠に設置されたアステ望遠鏡。
©NAOJ

# 見学できる日本の宇宙関連施設

40ページで紹介した国立天文台野辺山宇宙電波観測所も、見学できる施設なんだって。インターネットなどで調べてみよう。

## 日本最大のロケット発射場　種子島宇宙センター

　総面積は約970万m²、日本最大のロケット発射場です。ガイド付きバスツアーが開催されていて、ロケットの組み立てや整備、打ち上げがおこなわれる大型ロケット発射場や、ロケットの実物が展示されたロケットガレージ、ロケット発射時に指令をおこなう総合指令棟などを見学できます。センター内にある宇宙科学技術館には、国際宇宙ステーション（ISS）の「きぼう」日本実験棟の実物大モデルなどが展示されています。

●所在地：鹿児島県熊毛郡南種子町大字茎永字麻津
●電話：0997-26-9244
●開館時間：9:30〜16:30（宇宙科学技術館）
●休館日：毎週月曜日（月曜日が祝日の場合は火曜日）。8月は休館日なし。臨時休館あり。（宇宙科学技術館）
●ウェブサイト：https://www.jaxa.jp/about/centers/tnsc/

種子島宇宙センターの宇宙科学技術館。
©JAXA

## 日本最古級の天文観測所　水沢VLBI観測所

　国内4か所（岩手県奥州市、鹿児島県薩摩川内市、東京都小笠原村、沖縄県石垣市）に設置した20m電波望遠鏡の観測データを合成・研究している施設です。直径20mの巨大な電波望遠鏡を見学できるほか、敷地内の奥州宇宙遊学館では、月周回衛星「かぐや」（→1巻13ページ）のデータをもとに再現した月面立体模型などが展示されています。

※見学受付は奥州宇宙遊学館
●所在地：岩手県奥州市水沢星ガ丘町2-12
●電話：0197-24-2020
●開館時間：9:00〜17:00（入館は16:30まで）
●休館日：毎週火曜日（火曜日が祝日の場合は翌日）、年末年始（12/29〜1/3）
●ウェブサイト：https://uchuyugakukan.com/

水沢VLBI観測所に設置された20m電波望遠鏡。
©NAOJ

# 山地に建つロケット発射場　内之浦宇宙空間観測所

　山の地形を利用して建設された世界でもめずらしいロケット発射場で、イプシロンロケットなどの打ち上げ場や大型パラボラアンテナなどを見学できます。敷地内の宇宙科学資料館には、日本初の人工衛星「おおすみ」の打ち上げで使われた発射管制卓などが展示されています。

●所在地：鹿児島県肝属郡肝付町南方 1791-13
●電話：050-3362-3111
●開館時間：8:30 〜 16:30
●休館日：所内の見学施設によりことなる
●ウェブサイト：https://fanfun.jaxa.jp/visit/uchinoura/

内之浦宇宙空間観測所の全景。左の方にイプシロンロケット打ち上げ場、右側に 34m の大型アンテナが見える。
©JAXA

山の中腹をけずって整備された土地に、さまざまな施設が機能的に配置されているんだって。

# 日本の宇宙開発の重要拠点
## 筑波宇宙センター

　日本の宇宙開発の重要拠点の一つです。展示館では、実物大の人工衛星や本物のロケットエンジンなどを見ることができます。ガイド付きの見学ツアーも開催されていて、「きぼう」日本実験棟の運用管制室や、宇宙飛行士が訓練を受けるエリアなどを見学できます。

展示館「スペースドーム」に展示されている「きぼう」日本実験棟の実物大模型。
©JAXA

●所在地：茨城県つくば市千現 2-1-1
●開館時間：10:00 〜 17:00
　（見学受付：9:30 〜 16:30）
●休館日：不定休、年末年始（12/29 〜 1/3）、施設点検日など
●ウェブサイト：https://visit-tsukuba.jaxa.jp/

# 宇宙科学を体験的に学べる
## 宇宙科学探査交流棟

　宇宙航空研究開発機構（JAXA）の相模原キャンパス内にある、宇宙科学研究所（ISAS）が運営する見学施設です。全長 30m もある M-Ⅴ ロケットの実機模型や小惑星探査機「はやぶさ 2」の実物大模型に加え、解説パネルや映像作品なども展示されています。

探査機や人工衛星などの実物大模型も数多く展示している。
©JAXA

●所在地：神奈川県相模原市中央区由野台 3-1-1
●電話：042-759-8008
●開館時間：10:00 〜 17:00（16:45 最終入館）
●休館日：ウェブサイトのカレンダーを参照
●ウェブサイト：https://www.isas.jaxa.jp/visit/

# ★さくいん★

## 🪐 監修 中村 正人 （なかむら まさと）

1959年、長野県生まれ。理学博士。東京大学地球物理学専攻博士課程修了。マックスプランク研究所（ドイツ）研究員、文部省宇宙科学研究所助手、東京大学助教授、宇宙航空研究開発機構（JAXA）・宇宙科学研究所教授をへて、2025年現在はJAXA名誉教授。金星探査機「あかつき」の衛星主任をつとめた。

### 🪐 協力
森田泰弘、塩見慶、岡田和之、井口聖

### 🪐 編集
株式会社アルバ

### 🪐 イラスト
クリハラタカシ、したたか企画

### 🪐 執筆協力
伊原彩

### 🪐 デザイン・DTP
門司美恵子、田島望美 （チャダル108）

### 🪐 校正・校閲
ペーパーハウス

### 🪐 写真協力
Adobe Stock、アフロ、ESA、宇宙航空研究開発機構 （JAXA）、気象庁、国立天文台、Shutterstock、NASA

---

宇宙のなぞを解き明かせ！　日本の探査機と宇宙開発技術2

# 進化！ 日本の宇宙開発技術

2025年4月　初版発行

発行者　　岩本邦宏
発行所　　株式会社教育画劇
　　　　　住所　〒151-0051 東京都渋谷区千駄ヶ谷5-17-15
　　　　　電話　03-3341-3400 （営業）
　　　　　　　　03-3341-1458 （編集）
　　　　　https://www.kyouikugageki.co.jp
印　刷　　株式会社 広済堂ネクスト
製　本　　大村製本株式会社

NDC538/48P/28×21cm　ISBN978-4-7746-2345-0 （全3冊セットコードISBN978-4-7746-3325-1）